Der lieben
Stefanie Bindler
mit vielen gut
Wünschen überreicht
Karl Heck
16.05.03

Forum Umweltrecht
Schriftenreihe der Forschungsstelle Umweltrecht
der Universität Hamburg

Herausgegeben von:
Prof. Dr. Wolfgang Hoffmann-Riem
Prof. Dr. Hans-Joachim Koch
Prof. Dr. Ulrich Ramsauer

Band 45

Hans-Joachim Koch (Hrsg.)

Umweltprobleme des Luftverkehrs

Nomos Verlagsgesellschaft
Baden-Baden

Bibliografische Information Der Deutschen Bibliothek

Die Deutsche Bibliothek verzeichnet diese Publikation in
der Deutschen Nationalbibliografie; detaillierte bibliografische
Daten sind im Internet über http://dnb.ddb.de abrufbar.

ISBN 3-8329-0058-6

1. Auflage 2003
© Nomos Verlagsgesellschaft, Baden-Baden 2003. Printed in Germany. Alle Rechte, auch die des Nachdrucks von Auszügen, der photomechanischen Wiedergabe und der Übersetzung, vorbehalten. Gedruckt auf alterungsbeständigem Papier.

Vorwort

Umweltprobleme des Luftverkehrs - dass sind der Fluglärm, der in der Wahrnehmung der Bevölkerung hinter dem Straßenverkehrslärm an zweiter Stelle rangiert, die Abgase, die zur Klimaproblematik beitragen, der Flächenverbrauch, die Belastungen von Natur und Landschaft sowie die Beeinträchtigungen einer geordneten städtebaulichen Entwicklung in den Flughafenanrainergemeinden.

Das Passagieraufkommen der deutschen Flughäfen stieg zwischen 1990 und 1997 von 30,4 Mio. beförderten Personen auf 118,4 Mio. Das Luftfrachtaufkommen verfünffachte sich im gleichen Zeitraum. Die Prognosen lassen – von einer vorübergehenden Abschwächung abgesehen – ein weiterhin ungebrochenes Wachstum erwarten.

Zur Bewältigung dieses Wachstums muss eine nachhaltige Luftverkehrspolitik die strategischen Ziele einer Verkehrsvermeidung von Flügen, einer Verkehrsverlagerung insbesondere auf die Bahn und einer umweltgerechten Gestaltung des verbleibenden Flugverkehrsaufkommens verfolgen. Letzteres stand im Zentrum eines Symposiums, das von der *Forschungsstelle Umweltrecht* und dem *Umweltbundesamt* (Dr. *Axel Friedrich*) am 10. und 11. Juni in Hamburg veranstaltet worden ist.

Aus der Fülle der Einsichten und Anregungen, die die Referenten den rund 150 Teilnehmern aus den Kreisen der Anwaltschaft, der Luftverkehrsunternehmen, der Flughafenbetreiber, der Verwaltungen, der Gerichtsbarkeit und der Wissenschaft vermitteln konnten, verdienen einige aus der rechtspolitischen Perspektive besondere Beachtung:

- Angesichts der großen Bedeutung, die dem Völkerrecht für die internationale Luftfahrt zukommt, ist zu kritisieren, dass die Vereinbarungen über die maßgeblichen technischen Standards für Lärmminderung und für die Reduktion von Luftverunreinigungen im Rahmen der ICAO weit hinter den aktuellen technischen Möglichkeiten zurückbleiben.

- Die EG hat mit ihren jüngsten Richtlinien über Lärmschutzmaßnahmen an einzelnen Flughäfen und über die lärmorientierte Staffelung von Landegebühren sehr unbefriedigende Regelungen geschaffen, mit denen sie die Verantwortung für eine umweltfreundliche Luftverkehrspolitik auf die einzelnen im Wettbewerb zueinander stehenden Flughafenbetreiber abwälzt und obendrein zahlreiche Hürden für eine aktive Umweltpolitik der Flughäfen errichtet.

- Die Maßstäbe des in der Planfeststellung von Flughäfen gebotenen Lärmschutzes für die Bevölkerung setzt seit jeher die höchstrichterliche Rechtsprechung. Die Verarbeitung der Ergebnisse der Lärmwirkungsforschung ist jedoch eine hochrangige rechtspolitische Aufgabe für Gesetz- und Verordnungsgeber. Es ist dringend erforderlich, Regelungen nach dem Muster der §§ 41 ff. BImSchG und den flankierenden Verordnungen (16. und 24. BImSchG) zu schaffen. Dabei ist endlich auch die unbestreitbare Problematik der Kumulation von Lärmquellen in Angriff zu nehmen, insbesondere die praktisch wichtige Kumulation von Straßenverkehrs- und Luftverkehrslärm.

- Dringend geboten ist auch eine grundlegende Novellierung des Fluglärmschutzgesetzes, das seit 1971 im wesentlichen unverändert gilt und ein unvertretbar niedriges Schutzniveau festschreibt. Der bislang gescheiterte Novellierungsentwurf der Bundesregierung stellt einen vernünftigen Kompromiss dar, muss allerdings noch um eine Novellierung der Siedlungsbeschränkungsregelungen ergänzt werden.

Den Referenten gebührt Dank für die überaus sachhaltigen Vorträge, aber auch dafür, dass sie eine rasche Publikation ermöglicht haben. Der Senat der Freien und Hansestadt Hamburg hat die Veranstaltung großzügig gefördert. Der Flughafen Hamburg hat unseren Gästen einen sachlich sehr instruktiven, aber auch sonst angenehmen Empfang gegeben. Für einen reibungslosen Ablauf der Tagung in Hamburgs *Haus der Patriotischen Gesellschaft* haben die Mitarbeiterinnen dieses Hauses und meine wissenschaftliche Mitarbeiterin, Frau *Annette Wieneke*, mit ihrem Team studentischer Hilfskräfte gesorgt. *Heiko Siebel-Huffmann* verdanken wir das Layout.

Hans-Joachim Koch   Hamburg, im September 2002

Inhaltsverzeichnis

DIE TATSÄCHLICHE BELASTUNGSSITUATION

Örtliche und globale Luftverunreinigungen   11
Dr. Axel Friedrich und Falk Heinen, Umweltbundesamt, Berlin

Fluglärm und Gesundheitsbeeinträchtigung   21
PD Dr. Ing. Christian Maschke und Karl Hecht, Müller-BBM, München

Beeinträchtigung von Natur, Landschaft und Städtebau   45
Christoph Heinrich, NABU, Bonn

DIE LUFTVERKEHRSKONZEPTE

Luftverkehr und Umwelt im Rahmen des Luftverkehrskonzeptes der Europäischen Union   53
Dr. Eckhard Seebohm, Europäische Kommission, Brüssel

Die Luftverkehrskonzepte der Bundesregierung   59
MinDir. Thilo Schmidt, Bundesministerium für Verkehr, Bau- und Wohnungswesen, Bonn

Die Luftverkehrskonzepte aus der Sicht der Betroffenen   67
Joachim Hans Beckers, Bundesvereinigung gegen Fluglärm, Ratingen

FLUGHAFENBAU IN DER LANDESPLANUNG

Flughafenplanung in der Raumordnung   81
Prof. Dr. Wilfried Erbguth, Universität Rostock

Inhaltsverzeichnis

Flughafenausbau in der Landesplanung – Planungsstände in den Bundesländern 97
MinDir. Werner Müller, Hessisches Ministerium für Wirtschaft, Verkehr und Landesplanung, Wiesbaden

STRATEGIEN UND INSTRUMENTE DER LÄRMMINDERUNG
(VÖLKERRECHT, EG-RECHT, NATIONALES RECHT)

LÄRMMINDERUNG AN DER QUELLE

Technische Entwicklungen der Lärmminderung an der Quelle 105
Dr. Werner Dobrzynski, Deutsches Zentrum für Luft- und Raumfahrt, Braunschweig

Rechtliche Instrumente der Lärmminderung an der Quelle 117
Prof. Dr. Martin Schulte, Technische Universität Dresden

PLANFESTSTELLUNG

Lärmminderung in der Planfeststellung – Konzepte 135
MR Michael Bayr, Ministerium für Stadtentwicklung, Wohnen und Verkehr des Landes Brandenburg, Potsdam

Schutz vor Fluglärm ohne Fluglärmschutzverordnung? 145
Prof. Dr. Helmuth Schulze-Fielitz, Universität Würzburg

VERKEHRSREGULIERUNG

Lärmschutzmaßnahmen in der Verkehrsregulierung - Konzepte der Flugsicherung - 175
Andreas Mevenkamp, Deutsche Flugsicherung, Langen

VERMINDERUNG DER LUFTVERUNREINIGUNGEN (VÖLKERRECHT, EG-RECHT, NATIONALES RECHT)

Der technische Entwicklungsstand der Verminderung der Luftverunreinigung an der Quelle — 191
Dr. Ing. Helmut Richter, Rolls-Royce, Berlin-Dahlewitz

Das rechtliche Instrumentarium zur Verminderung der Luftverunreinigungen des Luftverkehrs — 205
Prof. Dr. Eckhard Pache, Universität Würzburg

SCHUTZ VON NATUR UND LANDSCHAFT

Der Schutz von Natur und Landschaft in der Flughafenplanung — 225
PD Dr. Andreas Fisahn, Universität Bremen

FLUGHAFENPLANUNG UND STÄDTEBAU

Die Zukunft des Fluglärmgesetzes — 243
Prof. Dr. Hans-Joachim Koch und Ass. iur. Annette Wieneke, Universität Hamburg

FRAGEN DES RECHTSSCHUTZES

Rechtsschutz für Kommunen, Verbände und Drittbetroffene — 271
RiOVG Dr. Peter Wysk, Münster

Teilnahmeverzeichnis — 303

Fluglärm und Gesundheitsbeeinträchtigung

Christian Maschke und Karl Hecht

A. Einleitung — 21
    I. Psychobiologische Funktionen — 22
    II. Beeinträchtigung des Gehörs durch Fluglärm — 22
    III. Beanspruchung des vegetativ-hormonellen immunologischen Regulationssystems im Sinne von stressinduzierten Regulationsveränderungen — 23
    IV. Belästigung — 24
    V. Schlafstörungen — 25
    VI. Schädigungsmechanismen und akustische Kenngrößen — 27

B. Nächtliche Immissionsrichtwerte für Fluglärm — 28
    I. Schlaf, zirkadianer Rhythmus und Hormone — 28
    II. Schlafpolygraphie und Lärmwirkung — 30
    III. Immissionsrichtwerte und experimentelle Studien — 33
    IV. Ergebnisse experimenteller Studien — 38
    V. Ergebnisse epidemiologischer Studien — 39
    VI. Schlussfolgerungen — 41

C. Literaturverzeichnis — 41

A. Einleitung

In der Ottawa-Charta der WHO (1986) wurde Gesundheit als ein „befriedigendes Maß an Funktionsfähigkeit in physischer, psychischer, sozialer und wirtschaftlicher Hinsicht und von Selbstbetreuungsfähigkeit bis ins hohe Alter" definiert. [WHO 1986].

Diese Definition berücksichtigt die Tatsache, dass der Mensch eine biopsychosoziale Einheit darstellt.

Folglich sind Gesundheitsbeeinträchtigungen nicht nur schlechthin organisch nachweisbare Schäden, wie sie von der klassischen Medizin behandelt werden, sondern auch funktionelle Störungen der psychischen und biologischen Prozesse, die nicht voneinander getrennt werden können und daher in ihrer Gesamtheit zu betrachten sind. Veränderungen der psychobiologischen Regulation äußern sich nicht selten als somatoforme Störungen. Darunter wird das Reflektieren von Störungen geistig-seelischer Prozesse (z. B. Überforderungen, chronische Lärmwirkungen, unterdrückte Emotionen, Dauerärger, häufiges Aufregen - z. B. über den Fluglärm- soziale und Zeitkonflikte, Hilflosigkeit, Ausweglosigkeit, sich nicht gegen Einflüsse wehren können usw.) in körperlichen Beschwerden (z. B. Kopfschmerzen, Rückenschmerzen, Erschöpfung, Verdauungsstörungen, Herz-Kreislaufstörungen, Asthma, Hautkrankheiten, Impotenz) verstanden. Von vier Patienten, die einen Allgemeinmediziner mit derartigen Beschwerden aufsuchen, weisen drei keine organischen Befunde auf [*Rudolf* und *Henningsen* 1998]. Der klassischen Medizin mangelt es an der erforderlichen psychophysiologischen Diagnostik.

I. Psychobiologische Funktionen

Zur Beurteilung einer Gesundheitsgefährdung durch Verkehrslärm sind mindestens 4 psychobiologische Grundfunktionen zu beachten:

- Hörminderung, Einbuße der akustischen Orientierung
- Vegetativ-hormonelle-immunologische Beanspruchung
- Beeinträchtigung des Schlafes
- Belästigung (Tätigkeitsstörungen, Kommunikationsstörungen, Beeinträchtigung der Erholung usw.)

II. Beeinträchtigung des Gehörs durch Fluglärm

Lärmbedingte Beeinträchtigungen des Gehörs sind Maskierung, Hörminderung und Einbuße des Richtungshörens, d. h. der akustischen Orientierung im Raum. Hörminderungen (Hörschäden) durch Fluglärm sind außerhalb des Flughafengeländes bei den heutigen Emissionen nur in Ausnahmefällen zu befürchten. Anders verhält es sich mit der Beeinträchtigung der akustischen

Orientierung. Hier ist auf ein Gefahrenpotential im Straßenverkehr - insbesondere für Kinder und ältere Menschen - hinzuweisen. Die Maskierung von akustischen Informationen, die im Extremfall Warnsignale verdecken kann, ist für Kommunikationsstörungen verantwortlich und ein wesentlicher Faktor für die Lärmbelästigung.

III. Beanspruchung des vegetativ-hormonellen immunologischen Regulationssystems im Sinne von stressinduzierten Regulationsveränderungen

Stress wird als zeitweilige oder permanente Veränderung der psychobiologischen Homöostase definiert, Homöostase als das innere Regulationsgleichgewicht eines Individuums. Positiver Stress (Eustress) ist leistungs- und gesundheitsfördernd, Disstress eine Abart des Stresses mit pathologischen (krankhaften) Erscheinungsbildern. Stress ist die Reaktion, der Stressor ist der Faktor, welcher Stress verursacht.

Eustress ist i. d. R. temporär, d. h. das Individuum kann die ihm „gestellte" Aufgabe bewältigen und in der Folge entspannen. Disstress beschreibt dagegen einen Prozess, den das Individuum nicht bewältigen kann, weil die vorhandenen Bewältigungsstrategien entweder nicht situationsgerecht eingesetzt werden können oder aber eine Bewältigung nicht möglich ist.

Verhaltensbiologische und neurobiologische Studien zeigen, dass Disstress zu degenerativen, neuralen Verschaltungen führt und eine Auflösung unbrauchbar gewordener Verhaltensmuster einsetzt [*Heine* 1997]. Dieser Prozess eröffnet grundsätzlich die Möglichkeit, sich von alten Verhaltensmustern zu trennen und an deren Stelle neue, effektivere zu entwickeln. Bei einer verzögerten Bewältigung des Stressors mit Hilfe neuer Bewältigungsmuster kann sich das System, häufig nach einem Zirkaseptanrhythmus (Wochenrhythmus), wieder auf die Ausgangslage einpendeln [*Perger* 1990].

Ist es nicht möglich, kompensierende Verhaltensmuster zu entwickeln oder einzusetzen, beinhaltet der anhaltende Adaptationsversuch des Individuums eine Gesundheitsgefährdung, da biologische Rhythmen langfristig überspielt werden (Überbeanspruchung). Während die Reaktion auf physische Belastungen im Wesentlichen durch die Erfordernisse des Stoffwechsels determiniert wird und deshalb interindividuell vergleichbar ist, hat ein und dieselbe Lärmbelastung, bei deren Bewältigung Stoffwechselerfordernisse eine untergeordnete Rolle spielen, interindividuell extrem unterschiedliche Reaktionsmuster zur Folge.

Disstress kann auch durch Einzelereignisse ausgelöst oder gefördert werden. Das ist der Fall, wenn immer wieder die physiologische Adaptationsgrenze durch intensive Schallereignisse überschritten wird (akute Fehlregulation).

Bei fortgesetzter oder zu starker Lärmbelastung (Disstress) kann es zu unerwünschter Aktivierung (ergotrope Reaktionslage) kommen, zu Lasten der notwendigen Entspannung und Erholung (vagotrope Reaktionslage). Aus dieser Verschiebung des Gleichgewichts können funktionale Störungen resultieren, die sich akut in Veränderungen der vegetativ-hormonell-immunologischen Regulation (stressinduzierte Regulationsveränderungen) zeigen und langfristig Erkrankungen beschleunigen oder stimulieren können. Folglich ist auch nicht von einer spezifischen Lärmkrankheit auszugehen.

Lärm, z. B. Fluglärm, wirkt als Stressor und begünstigt Krankheiten, die durch Stress mitverursacht werden. Dies sind insbesondere Herz-Kreislaufkrankheiten sowie immunologische und psychische Störungen. Lärm ist für den Menschen aber nicht nur die Einwirkung eines physikalischen Parameters, sondern ein Erlebnis. Das Lärmerlebnis und die dabei ablaufenden veränderten Funktionen können sich als Pathologien nachhaltig in das Gedächtnis der Menschen einprägen und zu einer Lärmsensibilisierung führen.

In diesem Zusammenhang muss noch erwähnt werden, dass bei der vegetativ-hormonellen-immunologischen Reaktion biologische Rhythmen zu beachten sind. Somit ist auch der Zeitpunkt der Geräuscheinwirkung für die Auswirkung wesentlich. Darüber hinaus sind gestörte biologische Rhythmen Symptome einer gestörten Regulation und somit ein Bewertungskriterium für eine gesundheitliche Gefährdung.

IV. Belästigung

Ein zentrales Wirkungsphänomen der Wahrnehmungspsychologie ist die Belästigung. Belästigung bezeichnet den Ausdruck negativ bewerteter Emotionen auf bestimmte Einwirkungen aus dem äußeren und inneren Milieu des Menschen. Belästigung kann Disstress auslösen, indem sie Angst, Bedrohung, Ärger, Unbestimmtheit, Ungewissheit, eingeschränktes Kommunikations- und Freiheitserleben, Erregbarkeit durch Wehrlosigkeit und Einschränkung der Lebensqualität ausdrückt. Bestandteile der Belästigungen durch Lärm sind z. B.:

- Störungen von Tätigkeiten (z. B. entspannen, lesen, lernen, geistiges arbeiten)
- Störungen der Kommunikation (z. B. Gespräche, Hinweise, Unterricht)
- Nicht erfüllte Erwartungen (z. B. Ruhe auf dem Friedhof oder in der Kirche), geringe Akzeptanz der Quelle (die Notwendigkeit ist nicht ersichtlich)
- Erzwungenes Verhalten durch Lärmwirkungen (z. B. Anspannung, erhöhte Konzentration, Aufenthalt in Innenräumen usw.)

Lärm muss nicht in jedem Fall belästigen. Störungen können unter Umständen verhindert bzw. kompensiert werden z. B. durch flexibles Reagieren (Unterbrechung der Gespräche oder des Telefonats, zeitweiliges Verlassen des Ortes der Lärmwirkung usw.). In das Belästigungsurteil gehen sowohl schallbezogene Variablen (Mediatoren) ein, als auch auf das Individuum bzw. die exponierte Gruppe bezogene Variablen, die als Moderatoren bezeichnet werden.

Einer der bedeutendsten Moderatoren der Belästigung ist der Einfluss der Situation. Beispielsweise können Geräusche, die im Freien oder im Labor ohne jede Belästigung wahrgenommen werden, bei chronischer Einwirkung in der Wohnung Belästigungsreaktionen bis hin zu Verzweiflungstaten auslösen, besonders wenn die Wohnung durch Krankheit oder Behinderung nicht verlassen werden kann. Auch der bereits erwähnte Zeitpunkt der Lärmexposition zählt zu den situativen Moderatoren. So wird z. B. Lärm am Abend oder an den Wochenenden als besonders belästigend empfunden.

Das Auftreten von Belästigung weist demzufolge bei gleicher Geräuschexposition eine große Streubreite auf, weshalb individuelle Belästigungsschwellen nicht allein durch die Angabe von Schallpegeln bestimmt werden können.

V. Schlafstörungen

Schlaf ist für den Menschen ein essentieller Zustand, der durch Lärm empfindlich gestört werden kann. Schon kurzfristige Schlafstörungen beeinträchtigen das subjektive Befinden und mit einer individuellen Latenz auch die qualitative bzw. quantitative Leistung. In chronischer Form sind Schlafstörungen als Gesundheitsrisiko einzustufen. Die mit Lärm- und anderen Stressoreneinwirkungen am häufigsten vorkommende Schlafstörung (über 50 %) ist die psychobiologische Insomnie.

Eine chronische Insomnie liegt vor, wenn mindestens dreimal in der Woche für die Dauer von mindestens einem Monat eine verminderte Schlafqualität nachgewiesen wird, die zur permanenten Beeinträchtigung der Leistungsfähigkeit, des psychisch-sozialen und körperlichen Wohlbefindens und der Lebensqualität führt [*Hajak* et al. 1995].

Messbare Kriterien (Schlafpolygraphie) für eine Insomnie sind:
- Verlängerte Einschlafphasen
- Vermehrter oberflächlicher Schlaf
- Reduzierung des REM- und des Deltaschlafes
- Störung des Rhythmus der REM-Zyklen
- Zerhackter Schlaf durch ständige Unterbrechung der Schlafstruktur
- Arousel- und Wachepisoden
- Langzeiterwachen, Früherwachen
- Störungen des Schlaf-Wach-Zyklus
- Störung der Wochenrhythmen des Schlaf-Wach-Verhaltens

Subjektive Kriterien für eine Insomnie sind:
- Wachliegen mit kognitiver und emotioneller Aktivität (Grübeln, Ärger usw.)
- Gesteigerte Erwartungsreaktion bei nicht vorhersehbarer Einwirkung (Anspannung)
- Körperliche und vegetative Begleitsymptome (Unruhe, im Bett Wälzen, Angstattacken, Alpträume)
- sowie eine gestörte Tagesbefindlichkeit (vgl. [DGSM 2001]):
- Morgenerschöpfung (gerädert sein)
- Eingeschränkte Vigilanz, Müdigkeit, Schläfrigkeit
- Adynamie (eingeschränkte Aktivität, eingeschränkter Antrieb)
- Einbuße der Konzentration und Leistungsfähigkeit, eingeschränkte Belastbarkeit
- Veränderte Affektlage (gesteigerte Reizbarkeit, depressive Zustände, Krankheitsempfinden)

Die häufige Störung der physiologisch programmierten Schlafabläufe bzw. der Schlafqualität muss als gesundheitlich bedenklich bewertet werden. Sie kann beträchtlichen Leidensdruck erzeugen.

VI. Schädigungsmechanismen und akustische Kenngrößen

Die Ursache der gesundheitsbeeinträchtigenden Wirkung von Lärm ist neben Schäden im Innenohr (Hörminderung) eine langfristig gestörte Regulation, die unmittelbar durch vegetativ-hormonell-immunologische Beanspruchung oder Schlafstörungen und mittelbar durch Belästigung hervorgerufen werden kann [*Hecht* et al. 1999]. Bei den genannten Reaktionen (Hörminderung, vegetativ-hormonell-immunologische Beanspruchung, Schlafstörungen, Belästigung) sind jeweils *zwei* unterschiedliche „Störungsmechanismen" zu beachten.

- Bei der Hörminderung kann vereinfachend von „mechanischer Schädigung" bzw. von „Unterversorgung" gesprochen werden,
- bei der vegetativ-hormonell-immunologischen Beanspruchung von „akuter Fehlregulation" bzw. „Überbeanspruchung" (= „Überaktivierung"),
- bei der Belästigung von „akuter Störung" bzw. „Belästigung" und
- bei Schlafstörungen von „Schlaffragmentierung" bzw. von „Minderung der Schlaftiefe".

Die „Unterversorgung" des Innenohres, Überbeanspruchung, Belästigung und Minderung der Schlaftiefe lassen sich näherungsweise durch einen integralen Immissionspegel (z. B. den L_{Aeq}) abschätzen. Die mechanische Schädigung im Innenohr, akute Fehlreaktion, akute Störung und Schlaffragmentierung näherungsweise anhand eines Maximalpegelkriteriums (z. B. Überschreitung(shäufigkeit) eines L_{Amax}).

Gesundheitsbeeinträchtigungen lassen sich demzufolge im Gruppenmittel und bei vergleichbaren Quellen (und Situationen) durch die Verbindung eines integralen Immissionsrichtwertes mit einem Maximalpegelkriterium vermindern bzw. begrenzen. Zwingend zu berücksichtigen sind jedoch angepasste Immissionsrichtwerte für Risikogruppen, wie Schwangere, Kranke, Kinder und alte Menschen.

Immissionsrichtwerte z. B. für Fluglärm sind grundsätzlich aus einer bewerteten Gesamtschau der Lärmwirkungsforschung – und nicht aus einer einzelnen Arbeit - nachvollziehbar abzuleiten und zu dokumentieren. Zu bewerten ist der gesamte psychophysiologische Prozess und nicht nur ein einzelnes Kriterium.

B. Nächtliche Immissionsrichtwerte für Fluglärm

Die gesellschaftliche und damit auch die juristische Auseinandersetzung wird zunehmend um die nächtliche Fluglärmbelastung geführt. Das liegt zum einen an der hohen Lärmsensibilität des Schlafes, zum anderen an dem Bestreben der Flughafenbetreiber, den Flugbetrieb in die Nachtzeiten auszuweiten. In dem folgenden Abschnitt diesesArtikels sollen deshalb am Beispiel der nächtlichen Geräuschbelastung die Probleme bei der Festlegung von Immissionsrichtwerten für Fluglärm behandelt und diskutiert werden. Dazu ist es notwendig, sich mit dem Phänomen Schlaf näher vertraut zu machen.

I. Schlaf, zirkadianer Rhythmus und Hormone

Der Mensch verbringt den größten Teil der Nachtstunden im Schlaf. Der natürliche Wach-Schlaf Zyklus ist in einen 24-Stunden-Rhythmus (Hell-Dunkel-Wechsel) eingebettet und läuft selbst zyklisch ab. Die biologische Komponente des Schlafes wird in der schlafmedizinischen Diagnostik mittels der Schlafpolygraphie (Elekroenzephalogramm, Elekromyogramm, Elekrookulogramm) untersucht und als Schlafzyklogramm (Schlafprofil) dargestellt.

Gemäß den Kriterien von *Rechtschaffen* und *Kales* [*Rechtschaffen* und *Kales* 1968] enthält das Schlafzyklogramm fünf Schlafstadien, die in ihrer zeitlichen Abfolge über der Schlafzeit des Schläfers aufgetragen werden. Die für die Regeneration des Menschen wichtigsten Stadien sind die Stadien 3 & 4 des Non-REM-Schlafes und der REM-Schlaf. Die Stadien 3 & 4 (tiefer Schlaf) sind vorwiegend für die körperliche Erholung verantwortlich („energiespeichernde" Schlafphasen), der REM-Schlaf (Traumschlaf) vorwiegend für die geistig-emotionelle Erholung sowie für den Transfer vom Kurz- ins Langzeitgedächtnis („energieverbrauchende" Schlafphase). Ein typisches Schlafzyklogramm eines jungen, gesunden Schläfers und der nächtliche Verlauf der Plasma-Cortisol-Konzentration sowie der Wachstumshormone (GH) sind in der Abbildung 1 dargestellt.

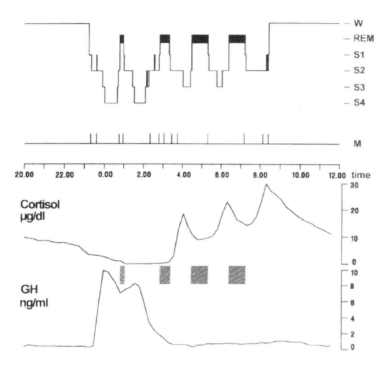

Abb. 1: Typisches Schlafzyklogramm eines jungen, gesunden Schläfers und nächtlicher Verlauf der Plasma-Cortisol-Konzentration sowie der Wachstumshormone (GH). Die grauen Kästchen markieren noch einmal die REM-Schlafzeiten [Quelle: nach Born et al. 2000]

Die Verweildauer in den tiefen Schlafstadien (S3, S4) nimmt (aufgrund des zirkadianen Rhythmus') mit der Schlafzeit ab, die Verweildauer im REM-Schlaf (in den Abbildungen 1 – 3 als schwarzer Balken) mit der Schlafzeit zu. Der Organismus bereitet schon während des Schlafes den Wachzustand des Schläfers vor (Vorwärtsregulation). Der Ablauf der Schlafstadien ist Teil einer ultradianen Rhythmik. Diese Rhythmen zeigen sich auch in der endokrinen Regulation und sind beim Aktivierungshormon Cortisol und den Wachstumshormonen besonders deutlich.

So hat die Cortisolkonzentration im ungestörten Schlaf ein Minimum in den frühen Nachtstunden und steigt in der zweiten Hälfte der Nacht stark an. Der Cortisoltiefpunkt (Nadir) fällt auf neuraler Ebene mit den Tiefschlafphasen zusammen. Ein relatives Minimum wird in der zweiten Schlafhälfte jeweils zur Zeit des REM-Schlafes erreicht [*Born* et al. 1986, 1998, 2000].

Die Tiefschlafphasen während der frühen Nacht sind nicht nur mit einer minimalen Cortisolfreisetzung verbunden, sondern auch mit der höchsten Sekretion von Wachstumshormonen. Insgesamt zeigen sich ausgeprägte Rhythmen der neuro-endokrinen Regulation, die für die physische und psychische Erholung notwendig sind [*Born* et al. 2000].

II. Schlafpolygraphie und Lärmwirkung

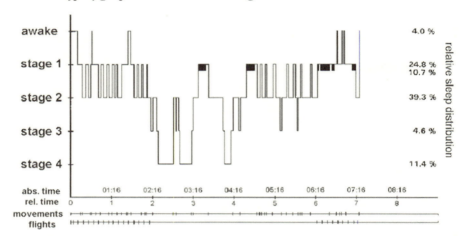

Abb. 2: Typisches Schlafzyklogramm bei nächtlichem, intermittierendem Lärm. Der Proband schlief bei 26 von 32 elektroakustisch simulierten Überflügen im Schlaflabor des Instituts für Technische Akustik (Technische Universität Berlin).

Nächtlicher Lärm zeigt sich im Schlafzyklogramm bei stark intermittierenden Geräuschen (z. B. Fluglärm) als fragmentierter Schlafverlauf. Der rhythmische Verlauf der neuro-endokrinen Regulation kann ebenfalls gestört sein. Die Tiefschlaf- und die Traumschlafzeiten sind verkürzt und häufig können vermehrte Aufwachreaktionen beobachtet werden.

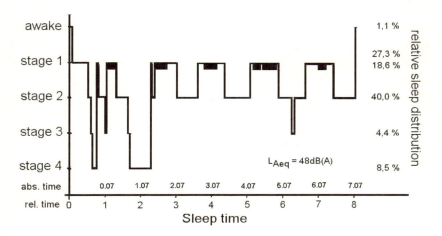

Abb. 3: Typisches Schlafzyklogramm bei nächtlichem, nicht intermittierendem Lärm. Der Proband schlief bei elektroakustisch simuliertem Straßenverkehrslärm im Schlaflabor des Instituts für Technische Akustik (Technische Universität Berlin) [*Wagner* 1988].

Bei Geräuschsituationen mit weniger starken Pegelschwankungen (nicht intermittierend) ist oft ein „oberflächlicher" Schlaf zu verzeichnen. Die Einschlaflatenz (Einschlafphase bis zum Erreichen von S2) ist verlängert und insbesondere die Tiefschlafzeiten (S3, S4) sind verkürzt. Vermehrte Aufwachreaktionen sind selten zu beobachten.

Beide Geräuscharten führen insgesamt zu einer Störung der natürlichen Schlafstruktur.

Die gesundheitliche Gefährdung einer nächtlichen Geräuschbelastung liegt nicht in einer kurzfristigen Störung des Schlafablaufs - einschließlich der Aufwachreaktionen - sondern in der chronischen Beeinträchtigung der physiologisch programmierten Schlafstruktur (bzw. der endokrinen Regulation). Die natürliche Schlafarchitektur kann sowohl durch wiederkehrende laute Einzelereignisse (intermittierende Geräusche) als auch durch eine quasi andauernde nächtliche Geräuschbelastung beeinträchtigt werden. Die Beeinträchtigung zeigt sich anhand von verschiedenen Schlafparametern z. B. verlängerten Einschlafzeiten, vermehrten Stadienwechseln, veränderter Schlafstadienverteilung, vermehrten Aufwachreaktionen (Arousal) und vermehrten Körperbewegungen.

Neben der Höhe des Schallpegels ist auch der Informationsgehalt des Schallereignisses für den Schläfer bedeutsam. Die Alarmfunktion des Gehörsinnes kann bereits bei sehr leisen Geräuschen zum Erwachen führen, wenn im Geräusch auf Gefahr hindeutende Information enthalten sind (z. B. Verkehrsgeräusche). Da die Schallverarbeitung aber altersabhängig ist, werden hohe Maximalpegel von 90 dB(A) und mehr besonders häufig von Kindern überschlafen, während ältere Menschen etwas leichter erwachen. Die Aufwachhäufigkeit in Laborstudien von Kindern, Erwachsenen und älteren Menschen in Abhängigkeit vom Maximalpegel ist der Abbildung 4 dargestellt.

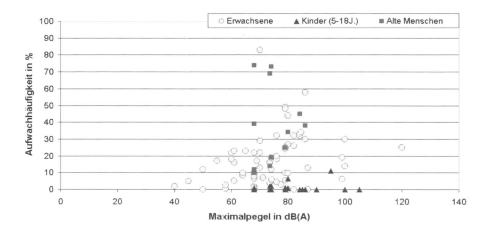

Abb. 4: Aufwachhäufigkeit in Laborstudien unterteilt in Erwachsene, Kinder und ältere Menschen (nach [*Griefahn* et al. 1976])

Die schlafstörende Wirkung ist nicht nur von der Höhe des Maximalpegels, vom Informationsgehalt des Schallereignisses und vom Alter des Schläfers abhängig, sondern darüber hinaus z. B. auch vom Zeitpunkt des Schallereignisses in der Nacht, vom Abstand seines Maximalpegels zum jeweiligen Grundgeräuschpegel, von der individuellen Ermüdung des Schläfers sowie von seiner Konstitution. Die stark unterschiedlichen Aufwachhäufigkeiten bei gleichem Maximalpegel, wie sie der Abbildung 4 zu entnehmen sind, sind daher verständlich.

Es ist festzuhalten, dass lärmbedingte Wachphasen als abnormal und langfristig als Gesundheitsrisiko beurteilt werden müssen. Andererseits ist eine chronische Störung der Schlafarchitektur (einschließlich der neuro-endokrinen Regulation) bereits unterhalb der Aufwachschwelle zu verzeichnen (vgl. Abb. 2 und 3). Es ist daher wenig sinnvoll, allein aus einer experimentellen Aufwachhäufigkeit einen hygienischen Grenzwert für den Schutz des Schlafes ableiten zu wollen.

III. Immissionsrichtwerte und experimentelle Studien

Die Notwendigkeit, nächtlichen Fluglärm zu begrenzen, um den ungestörten Nachtschlaf zu schützen, ist in der Lärm- und Schlafforschung allgemein anerkannt. Erfreulicherweise setzt sich auch zunehmend die Erkenntnis durch, dass dies durch ein Doppelkriterium (Begrenzung von Dauerschallpegel und Maximalpegel) erfolgen müsste. Uneinigkeit herrscht dagegen in der Lärmwirkungsforschung über die Höhe der Immissionspegel, die zum Schutz des Schlafes nicht überschritten werden sollten. Um die komplexen Bedingungen zu verstehen, die zu lärmbedingten Schlafstörungen führen, wurden in den letzten Jahrzehnten eine größere Anzahl von Schlaflaboruntersuchungen durchgeführt, die insgesamt zu sehr unterschiedlichen Ergebnissen führten. Dies zeigt z. B. auch die in Abbildung 4 dargestellte Literaturschau von *Griefahn* [*Griefahn* et al. 1976], die sehr häufig publiziert wurde.

Die Festlegung von allgemein anerkannten Immissionsrichtwerten wird auch dadurch erschwert, dass zur Ableitung von Richtwerten aus experimentellen Untersuchungen verschiedene Ansätze und Kriterien herangezogen werden können. Dies möchten wir an den Daten der Literaturschau von *Griefahn* verdeutlichen, indem nur die Studien betrachtet werden, die bei realistischen Maximalpegeln (< 95 dB(A)) an Erwachsenen unter 69 Jahren durchgeführt wurden. Der betrachtete Datensatz ist nicht repräsentativ, d. h. die Ergebnisse dürfen nicht generalisiert werden. Die Demonstrationen sollen lediglich dem Verständnis dienen und stellen nur grobe qualitative Abschätzungen dar.

Während die Schadstoffhygiene mit Hilfe von No Observable Adverse Effect Level (NOAEL), Acceptable Daily Intake (ADI), Maximal zulässige Immissionskonzentration (MIK) und ähnlichen dosisbezogenen Beurteilungsgrößen „Nullrisiken" und damit Individualsicherheit zu schaffen versucht, bleibt die Lärmvorsorge auf eine Minimierung der Anzahl von Beeinträchtigten beschränkt. Der präventivmedizinische (vorbeugende) Ansatz orientiert sich bei den großen interindividuellen und situativen Unterschieden an den Pegelwerten (methodisch akzeptabler Untersuchungen), bei denen erstmals nachteilige Effekte nachgewiesen werden konnten (Lowest Observed Adverse Effect Level, LOAEL). Mit diesem Ansatz können die unterschiedlichen Schlafparameter, die die Störung der Schlafarchitektur (bzw. der endokrinen Regulation) beschreiben, gleichzeitig betrachtet werden. In der folgenden Tabelle sind LOAEL-Schwellen zusammen gestellt, bei denen nachteilige lärmbedingte Effekte im Vergleich zu Kontrollgruppen ermittelt wurden.

Tab. 1: Schwellen für Sofortreaktionen bei Verkehrslärm (nach [*Maschke* et al. 1997])

Parameter	Quasi kontinuierliche Geräusche	Intermittierende Geräusche
Gesamtschlafdauer	ab L_{Aeq} = 45 dB(A) verkürzt	bei L_{Amax} = 45 dB(A) (50 Ereignisse) verkürzt
Schlafstadienlatenz	Einschlaflatenz ab L_{Aeq} = 45 dB(A) verlängert, Tiefschlaflatenz ab L_{Aeq} = 36 dB(A) verlängert, Tendenz zur Verlängerung der Traumschlaflatenz	Einschlaflatenz keine Daten, Tiefschlaflatenz bei L_{Amax} = 45 dB(A) (50 Ereignissen) verlängert, Tendenz zur Verkürzung der Traumschlaflatenz
Arousalreaktionen und Schlafstadienwechsel		ab L_{Amax} = 45 dB(A) induziert*
Aufwachreaktionen	oberhalb von L_{Aeq} = 60 dB(A) erhöht	ab L_{Amax} = 45 dB(A) induziert*
Dauer der Wachphasen	oberhalb von L_{Aeq} = 66 dB(A) verlängert	ab L_{Amax} = 65 dB(A) (15 Ereignisse) verlängert
Dauer des Leichtschlaf	oberhalb von L_{Aeq} = 66 dB(A) verlängert	bei L_{Amax} = 75 dB(A) (16 Ereignisse) verlängert
Dauer des Tiefschlaf	ab L_{Aeq} = 36 dB(A) verkürzt	bei L_{Amax} = 45 dB(A) (50 Ereignisse) verkürzt
Dauer des REM-Schlaf	oberhalb von L_{Aeq} = 36 dB(A) verkürzt	bei L_{Amax} = 55 dB(A) (50 Ereignisse) verkürzt
Herzrhythmusstörungen		Häufigkeit kann durch Ereignisse mit L_{Amax} > 50 dB(A) erhöht werden
Herzfrequenz		ab Modulationstiefe von 7 dB(A) erhöht

Parameter	Quasi kontinuierliche Geräusche	Intermittierende Geräusche
Körperbewegungen	oberhalb von L_{Aeq} = 35 dB(A) vermehrt	bei L_{Amax} = 45 dB(A) vermehrt und induziert*
subjektive Schlafqualität	ab L_{Aeq} = 36 dB(A) verschlechtert	bei L_{Amax} = 50 dB(A) (64 Ereignisse) bereits um 25 % verschlechtert
erinnerbares Erwachen		ab L_{Amax} = 55 dB(A) erhöht, nimmt mit L_{Amax} und Ereignisanzahl zu
Leistung	oberhalb von L_{Aeq} = 45 dB(A) verschlechtert	bei L_{Amax} = 45 dB(A) (16 Ereignisse) verschlechtert

*) Induziert: Reaktion in einem Zeitfenster nach dem Lärmereignis (das Zeitfenster variiert in den einzelnen Untersuchungen zwischen 30 und 90 Sekunden)

Wie der Tabelle „Schwellen für nachteilige Sofortreaktionen" [*Maschke* et al. 1997] zu entnehmen ist, können für die Effektschwellen Pegelbereiche von 35-40 dB(A) für den äquivalenten Dauerschallpegel und von 45-55dB(A) für die Maximalpegel als LOAEL-Werte abgeleitet werden. Für eine „punktgenaue" Festlegung der präventiven Immissionsrichtwerte ist eine umfangreichere Bewertung hinsichtlich der Qualität der Studien und der „Schwere" der Effekte notwendig (vgl. [*Hecht* et al. 1999]). Ein wesentlicher Vorteil dieser vorbeugenden Festlegung von Immissionsrichtwerten ist darin zu sehen, dass für Personen (die durch die vorliegenden Untersuchungen repräsentiert werden) von einem geringen „Restrisiko" auszugehen ist.

Bei diesem Ansatz wird angenommen, dass die Gesundheit langfristig nur dann gefährdet sein kann, wenn sich als Sofortreaktion nachteilige lärmbedingte Veränderungen der Schlafparameter in den experimentellen Studien zeigen. Eine genaue Kenntnis der zugrunde liegenden Pathogenesemechanismen („Schwere" der Effekte) ist bei diesem Ansatz nicht erforderlich. Das Schutzkonzept ist darüber hinaus auch für lärmmedizinische Laien leicht einsehbar. Der unbestrittene Nachteil muss allerdings darin gesehen werden, dass in den direkten Abwägungsprozess nur Studien aufgenommen werden, die Reaktionen bei relativ niedrigen Pegeln nachweisen konnten. Es kann z. B. nicht völlig ausgeschlossen werden, dass besondere Untersuchungssituationen oder nicht kontrollierte Hintergrundvariablen für die beobachteten nachteiligen Effekte bei niedrigen Pegeln (mit-)verantwortlich sind, d. h., dass „Verzerrungen" auftraten.

Ein anderer Ansatz, den wir kurz als „statistischen Ansatz" bezeichnen möchten, geht davon aus, dass jeder gemessene „Lärmeffekt" aus einem kausalen Anteil, aber auch aus „Verzerrungen" besteht. Sind die „Verzerrungen" um die kausalen Effekte normalverteilt, so kann die kausale Beziehung zwischen Schallpegel und Schlafparameter mit statistischen Methoden aus einer möglichst großen Anzahl von unabhängigen Untersuchungsergebnissen geschätzt werden. Die statistische (regressionsanalytische) Bestimmung eines solchen Immissionsrichtwertes erfolgte bisher nur für die häufig untersuchten Aufwachreaktionen.

Bei diesem Ansatz ist zu beachten, dass die Schätzung erstens stark von dem gewählten Regressionsmodell (linear, höherer Ordnung, logistisch usw.) abhängt, und zweitens zur Bestimmung eines Immissionsrichtwertes ein „kritischer" Wert z. B. für die Aufwachhäufigkeit definiert werden muss. Der „kritische" Wert kann aus den experimentellen Studien selbst nicht abgeleitet werden und wird deshalb häufig wieder unter präventivmedizinischen Gesichtspunkten gewählt. So wird z. B. bei einer linearen Regression gern errechnet bei welchem Pegel noch keine Veränderung der Aufwachreaktion zu erwarten ist (Schnittpunkt der Gerade mit der 0 %-Achse).

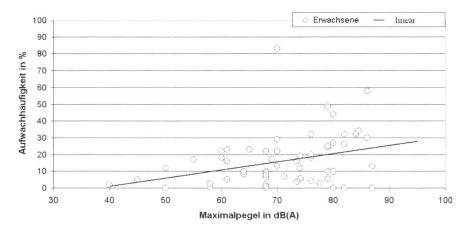

Abb. 5: Lineare Regressionsgerade für Aufwachhäufigkeiten in Laborstudien, die bei realistischen Maximalpegeln (< 95 dB(A)) an Erwachsenen unter 69 Jahren durchgeführt wurden (Daten nach [*Griefahn* et al. 1976])

Bei nichtlinearen Regressionsmodellen ergibt sich in der Regel ein derartiger „statistischer Grenzwert" nicht. Die statistischen Funktionen zeigen bei geringen Maximalpegeln häufig annähernd konstante Häufigkeiten und nehmen dann schneller werdend zu. Nach diesem Kurvenverlauf wäre ein umfassender Schutz nur unter Vermeidung von nahezu jeglichem Geräusch möglich. Dies ist nicht sinnvoll und so sind Kompromisse in Form von nominalen Schwellen erforderlich. Der Bereich von 10-15 % Aufwachhäufigkeit wurde als solche nominale Schwelle vorgeschlagen, da der Anteil der besonders Empfindlichen in der Bevölkerung ebenfalls zwischen 10 und 15 % liegen soll [*Griefahn* 1990].

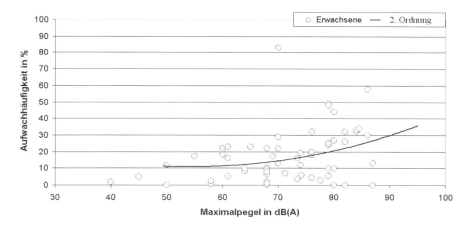

Abb.6: Regressionsgerade 2. Ordnung für Aufwachhäufigkeiten in Laborstudien, die bei realistischen Maximalpegeln (< 95 dB(A)) an Erwachsenen unter 69 Jahren durchgeführt wurden (Daten nach [*Griefahn* et al. 1976])

Dem unbestreitbaren Vorteil der „statistischen" Ableitung von Immissionsrichtwerten, viele publizierte Ergebnisse in den Abwägungsprozess einzubeziehen (erhöhte Repräsentativität), stehen daher zwei neue Problemfelder gegenüber. Erstens sind statistisch definierte Richtwerte lärmmedizinischen Laien schwerer zu vermitteln, der „statistisch geschützte Schläfer" existiert real nicht, und zweitens beruht die Festlegung einer „kritischen Aufwachhäufigkeit" noch immer auf Annahmen, nicht auf Fakten. Es ist daher nicht verwunderlich, dass bei diesem Verfahren für die gleichen Daten sehr unterschiedliche Immissionsrichtwerte abgeleitet werden können (Ca. 40 dB(A) Schnittpunkt der linearen Regressionsgeraden mit der X-Achse (0 % Aufwachhäufigkeit); ca. 68 dB(A) für eine Regressionsgerade 2. Ordnung und 15 % Aufwachhäufigkeit).

Neben diesen Schwierigkeiten ist die Orientierung eines Immissionsrichtwertes an einem einzelnen Schlafparameter (Aufwachhäufigkeit) kritisch zu beurteilen und nur dann sinnvoll, wenn mit diesem Parameter der Pathogenesemechanismus (chronisches Überspielen zirkadianer Rhythmen) eindeutig erfasst wird. Dies ist – wie z, B. aus der Abbildung 3 ersichtlich wird - bei den Aufwachreaktionen nicht immer der Fall.

Eine dritter Ansatz zur Bestimmung von Immissionsrichtwerten, den wir als „Harmonisierungsansatz" bezeichnen möchten besteht darin, Immissionsgrenzwerte aus bestehenden Regelwerken (16. BImSchV) unter Berücksichtigung von quellenspezifischen Besonderheiten auf die Geräuschquelle Fluglärm zu übertragen. Bei diesem Ansatz werden aus der Lärmwirkungsforschung quellenspezifische Unterschiede quantifiziert (z. B. für den Prozentsatz stark Belästigter bei gleichem Dauerschallpegel) und Richtwerte unter Berücksichtigung der ermittelten Unterschiede mit den bestehenden Immissionsgrenzwerten anderer Geräuschquellen abgeglichen. Der große Vorteil liegt in einer formalen „Gleichbehandlung" der verschiedenen Geräuschquellen. Dieser Ansatz eignet sich nach unserer Auffassung für die Festigung des Begriffs „Erheblichkeit" bei Fluglärm. Bei der Quantifizierung der Besonderheiten der Geräuschquelle Fluglärm aus experimentellen Studien zum Thema lärmbedingte Schlafstörungen bestehen aber ähnliche Probleme, wie sie im Zusammenhang mit der Festlegung von Immissionsrichtwerten bereits diskutiert wurden. Zusätzlich ist zu bedenken, dass in den bestehenden Regelwerken nur solche lärmmedizinischen Erkenntnisse berücksichtigt werden konnten, die bereits zum Zeitpunkt des Entwurfs bekannt waren. Die Zeit zwischen Entwurf und In-Kraft-treten von Regelwerken kann aber durchaus 5-10 Jahre betragen.

IV. Ergebnisse experimenteller Studien

Aus den vorliegenden experimentellen Untersuchungen lässt sich zweifelsfrei ableiten, dass nächtlicher Lärm zu einer Störung endogener Rhythmen führen kann. In ihrer chronischen Form sind solche Störungen als Gesundheitsbeeinträchtigung einzustufen. *Eineindeutige* Aussagen über die notwendige Höhe von Immissionsrichtwerten zum Schutz des Schlafes lassen sich aber allein aus experimentellen wissenschaftlichen Untersuchungen nicht ableiten. Es bleibt ein Interpretationsspielraum und letztendlich ein politischer (juristischer) Abwägungsprozess sich für eines der dargestellten „Ableitungskonzepte" zu entscheiden.

Die notwendige Abwägung kann auf eine bessere Grundlage gestellt werden, wenn der Gesundheitsbezug der nachteiligen Effekte z. B. in Form von Erkenntnissen über Erkrankungsraten (Prävalenzen, Inzidenzen) von langjährigen Flughafenanwohnern herangezogen werden. Erkrankungsraten können jedoch nicht in experimentellen Studien, sondern nur mit epidemiologischen Methoden untersucht werden.

V. Ergebnisse epidemiologischer Studien

Bedauerlicherweise liegen bis heute nur wenige epidemiologische Untersuchungen vor, die den Einfluss von Fluglärm auf stressvermittelte Erkrankungen z. B. des Herz-Kreislaufsystems, des Stoffwechsels, des Immunsystems oder auf psychische Störungen untersuchten (vgl. dazu [*Babisch* 2000]). Epidemiologische Studien, die den Risikofaktor „nächtliche Fluglärmbelastung" im Hinblick auf die genannten stressvermittelten Erkrankungen untersuchten, fehlen völlig. Zur Abschätzung können daher z. Zt. nur Studien über die Auswirkung von Straßenverkehrslärm herangezogen werden, in denen die nächtliche Lärmbelastung als eigenständiger Risikofaktor untersucht wurde, wie z. B. in der Studie „Epidemiologische Untersuchungen zum Einfluss von Lärmstress auf das Immunsystem und die Entstehung von Arteriosklerose[1]„ [*Maschke* et al. im Druck]. Hinsichtlich der Verkehrslärmbelastung am Tag und in der Nacht wurde eine Längsschnittstudie ausgewertet, die unter der Bezeichnung „Spandauer Gesundheits-Survey" (SGS) seit 1982 vom Robert Koch-Institut in Zusammenarbeit mit dem Bezirksamt Spandau durchgeführt wurde.

Der Spandauer Gesundheits-Survey sollte den Teilnehmern die Möglichkeit geben, ihren Gesundheitszustand über mehrere Jahre hinweg zu verfolgen, gravierende Veränderungen - möglicherweise schon im Frühstadium – zu erkennen und der ärztlichen Behandlung zuzuführen. Neben der der Behandlungshäufigkeit stressvermittelter Erkrankungen wurde im 9. Durchgang des SGS auch die Störung durch Lärm am Wohnort erfragt, sowie die Straßenverkehrslärmbelastung der Probanden bezogen auf ihre Wohnadresse ermittelt.

---

1 Die Studie wurde vom Umweltbundesamt in Auftrag gegeben und gefördert.

Die Ergebnisse der Auswertung (N = 1718) zeigten, dass ein statistischer Zusammenhang zwischen dem Bestand ärztlicher Behandlungen des Herz-Kreislaufsystems (am Beispiel Hypertonie) und dem nächtlichen äquivalenten Dauerschallpegel am Wohnort der Probanden (22:00 – 6:00 Uhr) bestand [*Maschke* 2002]. Der äquivalente Dauerschallpegel am Tage (6:00 – 22:00 Uhr) wies einen deutlich geringeren Zusammenhang mit den Behandlungsraten bezüglich Hypertonie auf. Bei der Auswertung wurden insgesamt 12 Kontrollvariablen berücksichtigt, bei denen - nach dem heutigen wissenschaftlichen Kenntnisstand - von einer Einflussnahme auszugehen war. Es waren dies „Partnerverlust in der Ehe", „Alkoholkonsum", „Tabakkonsum", „Bewegung im Beruf", „Sportliche Aktivität", „Lebensalter", „Geschlecht", „Body Mass Index", „Sozio-ökonomische Index", „Lärmempfindlichkeit", „Hörfähigkeit" sowie die „Jahreszeit der Untersuchung".

Für Hypertoniebehandlungen ergab sich in der Gesamtstichprobe bereits eine signifikante Erhöhung des relativen Risikos (Perioden-Prävalenz; N = 1351), wenn der nächtliche äquivalente Dauerschallpegel des Straßenverkehrs vor dem Schlafzimmerfenster 50 dB(A) überschritt (p = 0,021). Das relative Risiko lag im Vergleich zu einem äquivalenten Dauerschallpegel unter 50 dB(A) (Referenzkategorie) bei 1,7. Auch die Auswertung der retrospektiven Anamnesedaten (Lebenszeit-Prävalenz) bestätigte die besondere Bedeutung der nächtlichen Geräuschbelastung bei der Ausbildung einer Hypertonie. Das relative Risiko für eine Hypertoniebehandlung war auch im Laufe des Lebens (Lebenszeit-Prävalenz; N = 1335) bei einem nächtlichen Dauerschallpegel über 50 dB(A) vor dem Schlafzimmerfenster signifikant erhöht (OR = 1,7; p = 0,006). Wurden nur die Probanden betrachtet, die angaben in der Regel mit geschlossenen Fenstern zu schlafen (Perioden-Prävalenz; N = 1041), war keine Signifikanz mehr zu verzeichnen. Die Risikoerhöhung wurde im Wesentlichen von den Probanden getragen, die üblicherweise mit geöffnetem Fenster schliefen.

Wie der Spandauer Gesundheits-Survey für Straßenverkehrslärm zeigt, kann bei nächtlichen Dauerschallpegeln über 50 dB(A) am Wohnort der Probanden und geöffneten Schlafzimmerfenstern ein erhöhtes Hypertonierisiko nicht mehr ausgeschlossen werden. Dieser Dauerschallpegel am Wohnort korrespondiert (unter Berücksichtigung einer Schallpegeldifferenz von 10-15 dB(A) für ein spaltgeöffnetes Fenster) mit Innenraumpegeln von 35-40 dB(A) für den äquivalenten nächtlichen Dauerschallpegel am Ohr des Schläfers; Schallpegel, die in der gleichen Höhe als LOAEL-Schwellen für quasi kontinuierliche Geräusche (vgl. Tabelle 1) aus den vorliegenden experimentellen Studien abzuleiten waren. Der Spandauer Gesundheitssurvey bestätigt die schlafmedizinische Erkenntnis, dass eine langfristig gestörte Schlafstruktur als adverser Gesundheitseffekt eingestuft werden muss.

VI. Schlussfolgerungen

Aus den vorliegenden experimentellen Untersuchungen lässt sich zweifelsfrei ableiten, dass nächtlicher Lärm die endogenen Rhythmen des Schlafes stören kann (Schlafarchitektur, endokrine Regulation). Die schlafmedizinische Erfahrung zeigt, dass diese Störungen in ihrer chronischen Form als Gesundheitsbeeinträchtigung einzustufen sind. Für die Festlegung von Immissionsrichtwerten aus experimentellen Untersuchungen können jedoch verschiedene Ansätze und Kriterien herangezogen werden, die zu deutlich unterschiedlichen Immissionsgrenzwerten frühren. Es bleibt daher ein Interpretationsspielraum und letztendlich ein politischer (juristischer) Abwägungsprozess sich für eines der dargestellten „Ableitungskonzepte" zu entscheiden. In diesen Abwägungsprozess sollten dringend epidemiologische Erkenntnisse einbezogen werden. Es sind daher verlässliche epidemiologische Studien notwendig, die den Einfluss einer chronischen nächtlichen Fluglärmbelastung z. B. auf die Erkrankungsrate von Flughafenanwohnern untersuchen. Gleichwohl kann nicht gewartet werden, bis eine vollständig gesicherte Kenntnislage vorliegt. Die vorliegenden experimentellen und epidemiologischen Erkenntnisse über die Auswirkungen von nächtlichem Verkehrslärm sprechen dafür, die nächtliche Erholung bei Fluglärm anhand von Lowest Observed Adverse Effect Level (LOAEL-Werten) zu sichern.

C. Literaturverzeichnis

Babisch, W. (2000): Gesundheitliche Wirkungen von Umweltlärm - Ein Beitrag zur Standortbestimmung, Zeitschrift für Lärmbekämpfung 47, S. 95-102

Born, J.; H. L. Fehm (2000): The neuroendocrine recovery function of sleep, Noise & Health 7, S. 25-37

Born, J.; K. Hansen, L. Marshall; M. Mölle; H. L. Fehm (1998): Timing the end of nocturnal sleep, Nature 397, S. 29-30

Born, J.; W. Kern; K. Bieber; G. Fehm-Wolfsdorf; M. Schiebe; H. L. Fehm (1986): Night time plasma cortisol secretion is associated with specific sleep stages, Biol. Psychiat. 21. S. 1415-1424

DGSM (2001): Nicht erholsamer Schlaf, AWMF-Leitlinien-Register Nr. 063/001, Entwicklungsstufe 2

Griefahn, B. (1990): Präventivmedizinische Vorschläge für den nächtlichen Schallschutz, Zeitschrift für Lärmbekämpfung 37, S.7-14

Griefahn, B.; Jansen, G.; Klosterkötter, W. (1976): Zur Problematik lärmbedingter Schlafstörungen - eine Auswertung von Schlaf-Literatur, Umweltbundesamt Bericht 4/76

Hajak, G.; Rüther, E. (1995): Insomnie - Schlaflosigkeit. Springer Verlag, Berlin, Heidelberg, New York

Hecht, K.; Maschke, C.; Balzer, HU.; Wagner, P.; Harder, J.; Bärndal, S. u. a. (1999): Lärmmedizinisches Gutachten DA-Erweiterung, Hamburg, Berlin: Institut für Stressforschung (ISF), Berlin.

Heine, H. (1997): Gesundheit – Krankheit – Streß, Biologische Medizin 26(5), S.200-204

Maschke, C.; Wolf, U.; Leitmann, T. (im Druck): Epidemiologische Untersuchungen zum Einfluss von Lärmstress auf das Immunsystem und die Entstehung von Arteriosklerose, Umweltforschungsplan des Bundesministeriums für Umwelt, Naturschutz und Reaktorsicherheit, Aktionsprogramm „Umwelt und Gesundheit" (UFOPLAN) 298 62 515

Maschke, C. (2002): Epidemiological research on stress caused by road traffic noise and its effects on health – Results for hypertension. Roceedings of „Forum Acusticum", Sevilla, Spain

Maschke, C.; Druba, M.; Pleines, F. (1997): Beeinträchtigung des Schlafes durch Lärm – Kriterien für schädliche Umwelteinwirkungen, Umweltforschungsplan des Bundesministeriums für Umwelt, Naturschutz und Reaktorsicherheit, Forschungsbericht 97-10501213/07, Umweltbundesamt

Perger, F. (1990): Die therapeutischen Konsequenzen aus der Grundregulationsforschung, in: Pischinger A., Heine H. (Hrsg), Das System der Grundregulation, 8. Auflage, Karl F. Haug Verlag, Heidelberg

Rechtschaffen, A., Kales, A. (1968): A manual of standardized terminology, techniques and scoring system for sleep stages of human subject, Puplic Health Service, U.S. Goverment Printing Office, Washington D.C.

Rudolf, G.; Hennigsen, P. (1998): Somatoforme Störungen, Schattauer Verlag, Stuttgart, New York

Wagner, W. (1988): Der Einfluß von Straßenverkehrsgeräuschen unterschiedlicher Pegel- und Zeitstruktur auf den Nachtschlaf, Dissertation an der TU Berlin

WHO (1986): Charta zur Gesundheitsförderung, Ottawa. in: Abelin, T.; Brezezinski, Z. J. (Hrsg.): Measurement in health promotion and protection, Kopenhagen, WHO Regional Publication European Series, 1987 No. 22, S. 653-658